兒童健康生活繪本系列

我眼睛明亮，
護眼不可少！

麥曉帆　著

藍曉　圖

U0106200

新雅文化事業有限公司
www.sunya.com.hk

大德德和小維維是兩兄妹，他們都很愛護對方。哥哥大德德從小就養成了護眼的良好習慣，所以他的視力很好。

妹妹小維維呢？她就不太愛惜視力啦，最近還患上近視，爸爸媽媽便帶她去眼鏡店配了一副近視眼鏡。

戴着眼鏡，真的好不方便啊！

當小維維從溫度低的地方走到溫度高的地方時，眼鏡都會形成一層薄霧，讓她好一會都看不清楚四周。

有時候，她又會不小心把眼鏡掉在地上，就算不把眼鏡摔壞，也會讓她狼狽不堪呢！

大德德很想幫小維維擺脫戴眼鏡的不便，但是，他又有什麼辦法呢？幸好，他認識一位守護孩子的小精靈。於是，大德德立即向小精靈求助。

可是，小精靈說：「嗯，雖然我法力高強，但也沒有辦法矯正一個人的視力，護眼的習慣可是要從小養成的啊……啊！有辦法了。」

小精靈揮動手中的神仙棒，一個五顏六色的時空隧道出現了！大德德和小精靈兩個一起跳了進去。

當他們從隧道另一端鑽出來時，大德德發現眼前出現的小維維，看起來很幼小，而且鼻子上並沒有架着大眼鏡。原來他們回到了三年前的過去呢！那天，是小維維的生日呢！

過去的小維維看見來自未來的哥哥，感到很驚奇。

大德德跟妹妹說：「我和小精靈要來提醒你保護自己的眼睛，因為你平日不注意保護眼睛，結果後來要配上一副近視眼鏡呢。」

小維維立即問：「可是……可是，我做了什麼事傷害了自己的眼睛呢？我應該怎麼辦啊？」

健康常識知多點

為什麼我們不應長時間使用電子屏幕設備呢？

電視、智能電話和電腦這些電子產品的屏幕會發出藍光，近距離刺激我們的眼睛。長時間近距離面對屏幕，容易造成眼睛疲勞、乾澀不適，甚至引發視力模糊、頭痛、肩頸痠痛等症狀，影響眼睛健康。

小精靈清了清喉嚨，說：「保護眼睛可不是一兩天的事兒呢，你必須長期養成愛護眼睛的習慣。就說現在吧，你為什麼看電視時要湊得這麼近呢？」

這時，小維維為了看卡通片看得清楚一點，沒有坐在沙發上，而是拿坐墊坐在地板上，還越坐越近。

健康常識知多點

我們使用電子屏幕設備時，應保持多少距離才適當？

使用電子屏幕產品時，眼睛與屏幕的距離應保持最少50厘米，與平板電腦保持最少40厘米距離，而與智能電話也要保持最少30厘米距離。除了注意保持距離，還要注意保持坐姿正確，不要躺在沙發上看電視。

「可是，這樣做又有什麼問題啊？」小維維撓着頭問。

哥哥回答說：「電視機的強光長時間刺激眼睛，會令眼睛不適，同時眼球睫狀肌的調節功能也會下降，眼內的晶狀體變長變窄，長久下去就會形成近視啦！」

「明白了！」小維維說着，立即坐到沙發上。

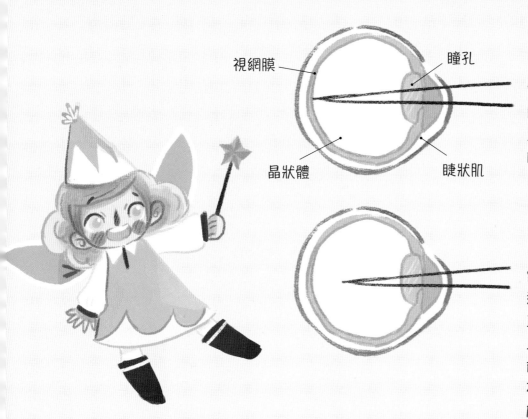

視網膜

瞳孔

晶狀體

睫狀肌

正常的眼睛
當光線經過眼球時，能夠聚焦在視網膜上，我們就能看到清晰的影像。

近視的眼睛
當光線經過眼球時，進入眼睛的光線沒有正確地聚焦在視網膜上而是聚焦在視網膜前面，所以我們就看不清楚影像。近視的原因大多是由於眼球過長。

健康常識知多點

為什麼我們會有近視？

　　近視是指我們看近的事物比較清楚，看遠的事物時，則會模糊不清。除了遺傳因素外，近視的原因主要是因為長時間近距離用眼，令眼睛壓力增加，眼球長度隨之增加，形成近視。我們可以佩戴近視眼鏡來做矯正視力，防止近視度數加深。

過了一會兒，小維維看過卡通片，便回到自己的房間去，拿起一本喜歡的圖畫故事書來閱讀。

大德德這時阻止道：「等等，你剛才長時間看卡通片，眼睛還未得到休息，就立即閱讀圖書，這樣也會影響視力呢！要記住每次使用眼睛每20至30分鐘後，都要讓眼睛休息一下，例如閉目養神3至5分鐘，那就最好啦。」

不要隨便揉眼睛

要讓眼睛有適當的休息

健康常識知多點
怎樣才能讓眼睛得到適當的休息？

看書或寫字太久，又或者對着電視、電腦的屏幕一段時間後，我們就應讓眼睛休息；每20至30分鐘看書或電腦的時間就該有最少3至5分鐘休息，例如看看綠色的植物，或是遠處的東西，讓眼睛的肌肉得以放鬆。

接着小精靈環顧四周，補充說：「嗯，還有一點很重要的事情。這個房間的光線不足，會讓你很難專注於閱讀，閱讀時都要把眼睛瞇起來，不是一個理想的閱讀環境。」

然後小精靈把神仙棒一揮，打開了房間裏的枱燈，同時也拉開了窗簾，讓房間頓時明亮了起來。

健康常識知多點
在光線不足的環境下閱讀會傷害眼睛嗎？

在燈光昏暗的情況下閱讀，容易令眼睛疲勞。我們應在光線明亮的環境下看書，還要注意桌椅的高度，要有適當的閱讀距離，跟書本保持約30厘米的距離，並且注意坐姿要端正，以避免患上近視。

小維維恍然大悟，說：「嗯，我知道了。如果我按照你們的話去做，是不是就一定不會患上近視啊？」

大德德說：「只要你平日多注意保護眼睛，那就可以避免患上近視了！」

小精靈回答：「要確保你的眼睛健康，還有很多事情要注意啊！例如在戶外活動時，遇上陽光猛烈的天氣，就最好戴上太陽眼鏡，避免紫外線損害我們的眼睛。在行車上，也不應低頭看手機或看書。」

健康常識知多點

為什麼我們不能直視太陽？

　　太陽的光線非常猛烈，會傷害我們的眼睛。陽光中的紫外線穿過眼睛裏的晶狀體聚焦在視網膜上，會對視網膜造成傷害，損害我們的視力。

大德德補充：「還有，很多食物也可以幫助你保持眼睛健康呢！例如，富含維他命Ａ的雞蛋、魚油，可以避免患上夜盲症；富含葉黃素的紅黃色蔬果，可以幫助緩解眼睛疲勞，保護視網膜；而各種富含維他命Ｃ的生果，也可以預防視力衰退！總之，注意均衡飲食就對了。」

健康常識知多點

我們吃什麼食物對視力發展有幫助？

　　多吃不同顏色的水果或蔬菜有助保護眼睛健康，維持視力。多吃含有豐富維他命A的食物，包括蛋黃、牛奶、芝士和紅蘿蔔。蔬菜中的葉黃素，可以保護眼睛的晶體及視網膜，所以我們可以多吃菠菜、椰菜花和茄子。而深藍色的蔬果，例如藍莓、黑加侖子和提子中含有大量花青素，具有抗氧化的功效，有助維持視力。

「最後最後，」小精靈總結說，「就算你一直奉行以上的護眼習慣，有些眼睛的問題也是天生出現的。所以，一旦你發現自己看東西出現問題時，就要立即告訴父母，讓他們帶你去看眼科醫生，聽取醫生的專業意見，那就萬無一失啦！」

下斜視

上斜視

內斜視

外斜視

健康常識知多點

我們什麼時候需要定期接受視力檢查？

　　假如你發現眼睛有任何不適或者看不清楚，例如看東西時需要側着頭或湊近看，那就馬上要跟爸媽說，及早進行視力檢查。孩子在3、4歲開始就可以開始定期進行視力檢查，例如檢測色弱、立體感、斜視（即雙眼不能協調地看事物）、屈光不正(即是指遠視、近視、散光等問題)。

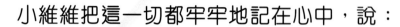

小維維把這一切都牢牢地記在心中，說：
「我一定會好好養成護眼習慣，不沉迷看電
視、打遊戲機，注意休息，早睡早起。小精靈
和來自未來的哥哥，你們儘管放心吧！」

小精靈點了點頭，揮着神仙棒，
一道閃光之下，時光隧道便把小精靈
和大德德迅速送回到現在。

「咦？小維維，你不用戴眼鏡了！」大德德喜出望外地說。

只見小維維笑道：「當然啦，我一直都按你們的建議來做，將這一雙靈魂之窗保護得很好，現在我的視力說不定比哥哥你還好呢！」

大德德和小精靈相視而笑，他們成功了！

護眼健康操

我們可以透過多做護眼健康操，幫助改善眼睛疲勞，放鬆眼睛肌肉。各位爸媽可以參考以下護眼健康操。

1. 用力眨動眼睛

先用力閉上眼睛，再用力睜開眼睛。重複以上動作5次。藉此放鬆眼瞼的肌肉，增加眼睛淚水分泌，避免眼乾，保持視力清晰。

2. 左右轉動眼球

眼睛向右看，保持數秒，回到正中位置；眼睛向左看，保持數秒，再回到正中位置。

3. 上下移動眼球

眼睛先向上望，保持數秒，回到正中位置；眼睛向下望，保持數秒，再回到正中位置。

4. 望遠望近，轉換焦點

先選一個距離較近的景物，定睛看5秒，再將視線調到距離較遠的景物，再定睛看5秒。重複以上動作5次。透過觀看不同的距離的景物，使眼睛的睫狀肌得以交替收縮和放鬆，訓練眼球的肌肉。

怎樣培養孩子從小學會保護視力？

隨着電子產品日漸普及，近年孩子使用電腦屏幕的時間變得越來越長。新世代的孩子小小年紀就出現視力問題，患上近視的比率越來越高。各位爸媽應及早讓孩子養成良好的護眼習慣，守護孩子的視力。

避免讓孩子長時間使用電子產品

視力是我們的重要感官，家長應自小就開始教孩子保護眼睛。平日要以身作則，注意閱讀或看電視、電子產品時的正確姿勢和距離。平日應要跟孩子訂立使用電子產品的時間規則。另外，也可以設置鬧鐘提示，每20至30分鐘閱讀或使用電子產品，便看遠方景物或家中綠色的小盆栽3至5分鐘，放鬆雙眼。

注意書桌燈光設備，多運動休息

家長應為孩子選擇高度合適的桌椅和合適的照明，減輕孩子用眼的負擔。注意室內光線明亮、柔和；書枱燈宜用白光，有助提高孩子的專注力；要留意光源的位置，避免出現反光，以免令眼睛疲倦。

另外，可以每日定時讓孩子到戶外多做運動。運動既可促進孩子的身心發展，又可減少孩子依賴電子產品娛樂。

定期檢查視力，及早矯正視力

兒童的視力主要在3至4歲急速發展，在約7至8歲才開始成熟，要是家長及早發現孩子的視力問題，只要把握矯正視力的黃金期，就可及早修正視力問題。平日家長要多注意孩子是否會有揉眼、經常側頭，或是用斜眼看東西的情況，建議可在孩子3至4歲時開始定期進行視力檢查。

兒童健康生活繪本系列

我眼睛明亮，護眼不可少！

作者：麥曉帆

繪者：藍曉

責任編輯：胡頌茵

美術設計：張思婷

出版：新雅文化事業有限公司

香港英皇道 499 號北角工業大廈 18 樓

電話：(852) 2138 7998

傳真：(852) 2597 4003

網址：http://www.sunya.com.hk

電郵：marketing@sunya.com.hk

發行：香港聯合書刊物流有限公司

香港荃灣德士古道 220-248 號荃灣工業中心 16 樓

電話：(852) 2150 2100

傳真：(852) 2407 3062

電郵：info@suplogistics.com.hk

印刷：Elite Company

香港黃竹坑業發街 2 號志聯興工業大樓 15 樓 A 室

版次：二○二一年七月初版

ISBN: 978-962-08-7797-1

Traditional Chinese Edition © 2021 Sun Ya Publications (HK) Ltd.

18/F, North Point Industrial Building, 499 King's Road, Hong Kong

Published and Printed in Hong Kong